COURS

PROFESSÉS

A L'ÉCOLE DES MINES DE PARIS

PAR

M. J. CALLON

INSPECTEUR GÉNÉRAL DES MINES

PREMIÈRE PARTIE

COURS DE MACHINES

TOME DEUXIÈME

ATLAS

PARIS

DUNOD, ÉDITEUR

LIBRAIRE DES CORPS DES PONTS ET CHAUSSÉES ET DES MINES

49, QUAI DES AUGUSTINS, 49

1875

PARIS. — IMP. SIMON RAÇON ET COMP., RUE D'ERFURTH. 1.

COURS DE MACHINES

TABLE DES FIGURES

CONTENUES DANS LES PLANCHES

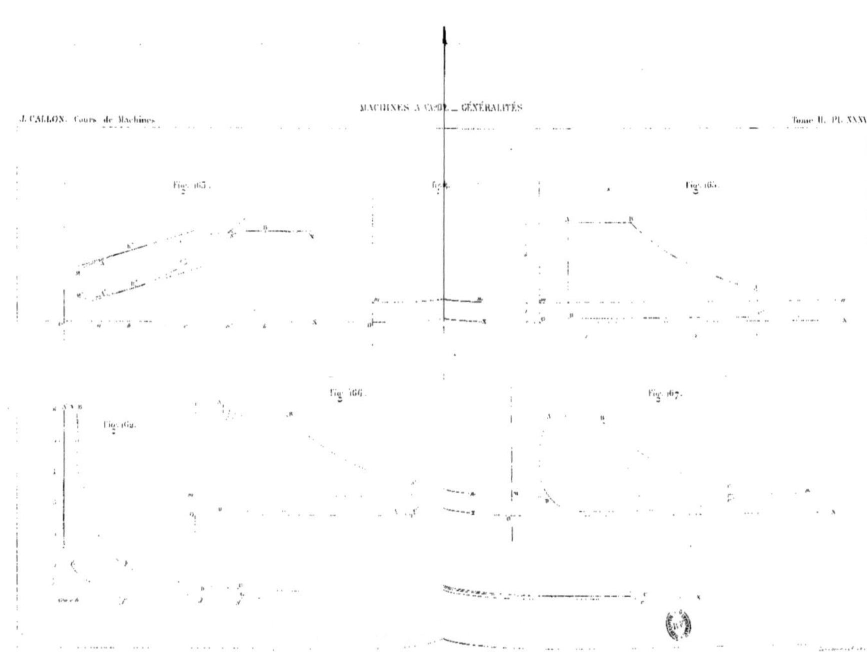
J. CALLON. Cours de Machines.
GÉNÉRALITÉS
Tome II. Pl. XXXV.
Fig. 166.
Fig. 167.

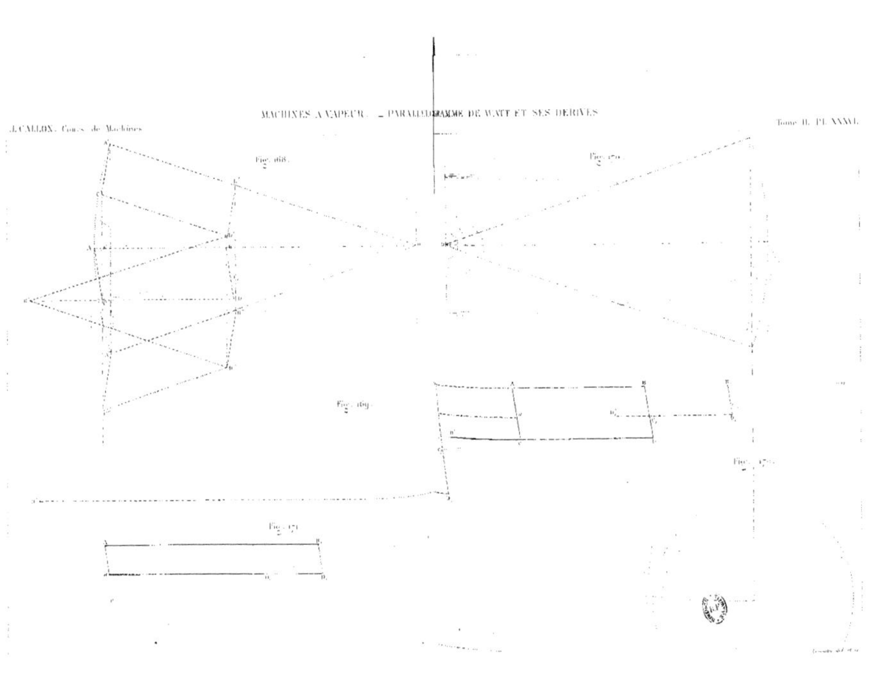
J. CALLON. Cours de Machines
MACHINES A VAPEUR. — PARALLÉLOGRAMME DE WATT ET SES DÉRIVÉS
Tome II. Pl. XXXVI.
Fig. 168.
Fig. 169.
Fig. 170.
Fig. 171.
Fig. 172.

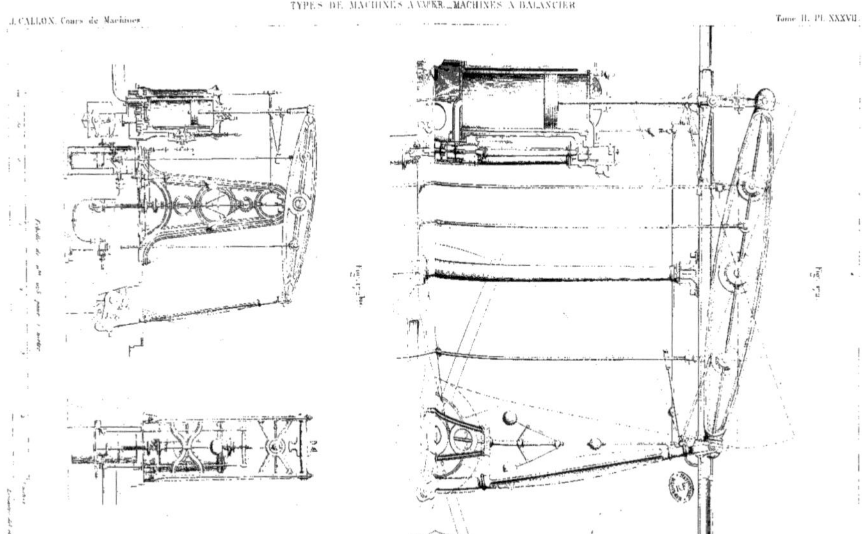
J. CALLON. Cours de Machines
TYPES DE MACHINES A VAPEUR _ MACHINES A BALANCIER
Tome II. Pl. XXXVII.

Fig. 173.

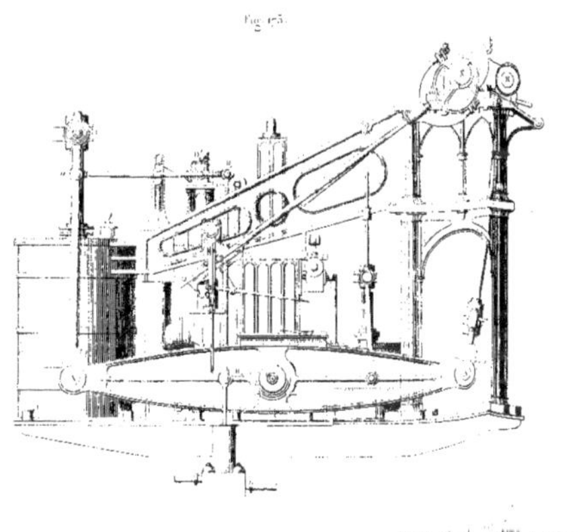

Fig. 174.

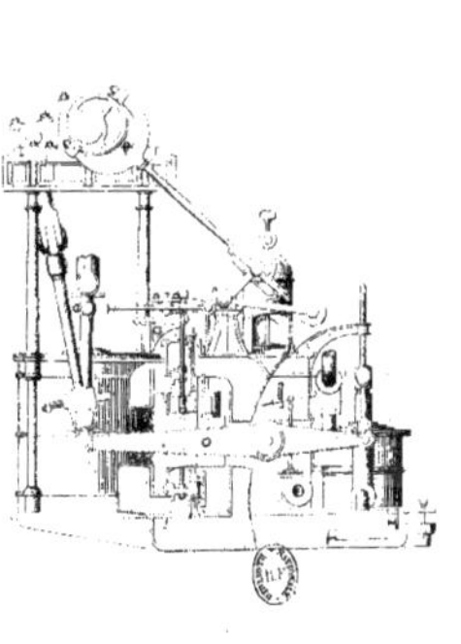

Échelle de [illegible] pour 1 mètre

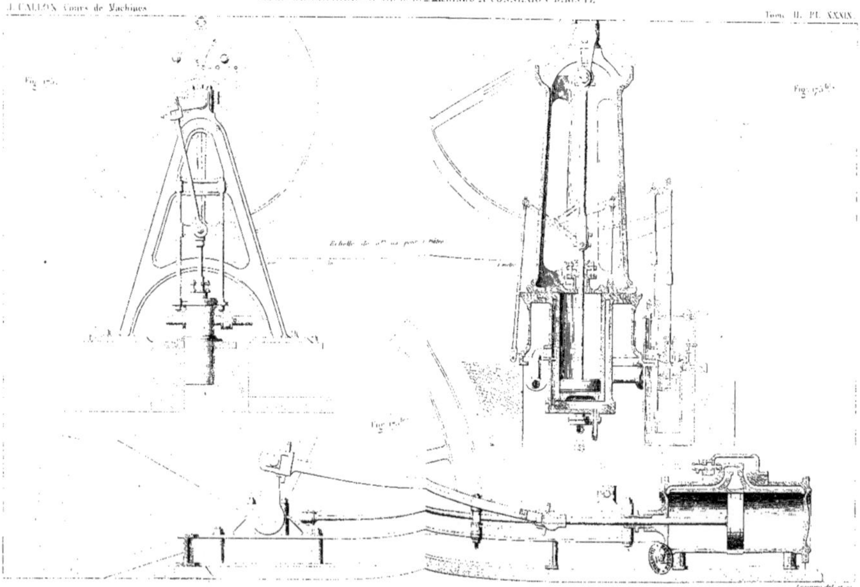

MACHINES A VAPEUR _ SYSTÈME DIT A PILON

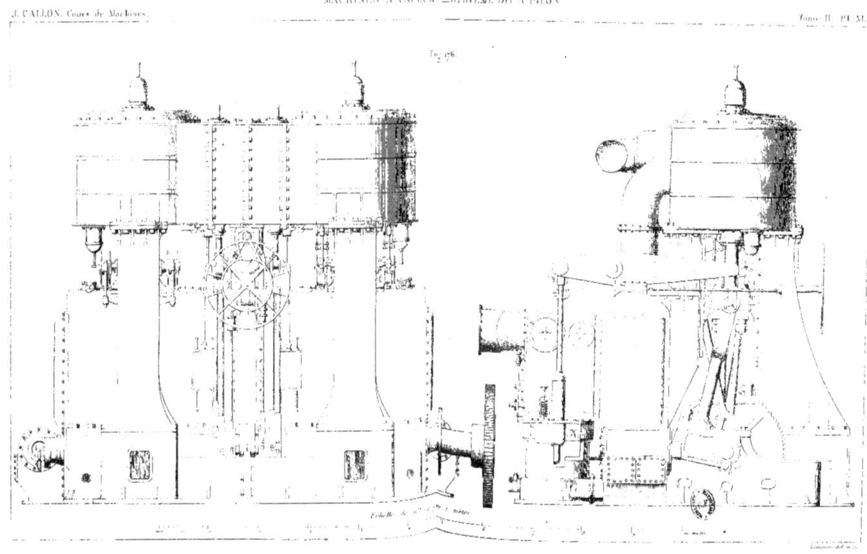

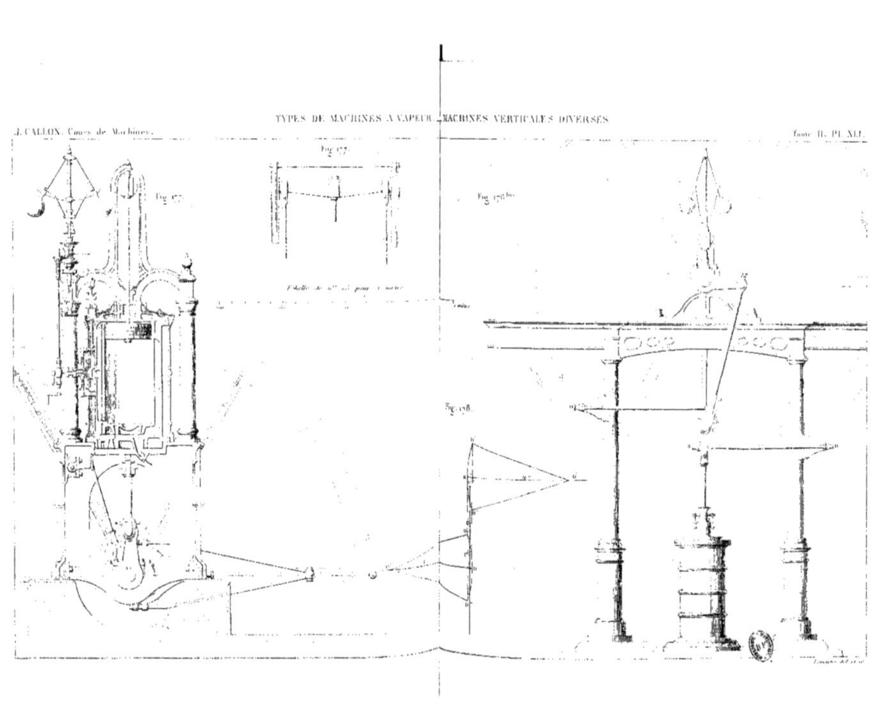
J. CALLON. Cours de Machines.
TYPES DE MACHINES A VAPEUR. _MACHINES VERTICALES DIVERSES
Tome II. Pl. XLI.
Fig. 177.
Fig. 178 bis
Fig. 178.

TYPES DE MACHINES À VAPEUR _ MACHINES DIVERSES POUR BATEAUX

J. CALLON, Cours de Machines.

Tome II. Pl. XLII.

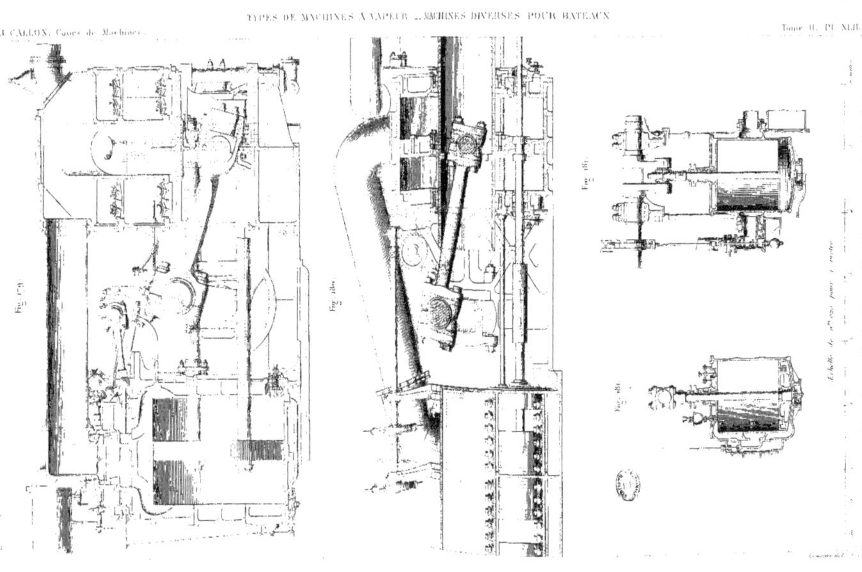

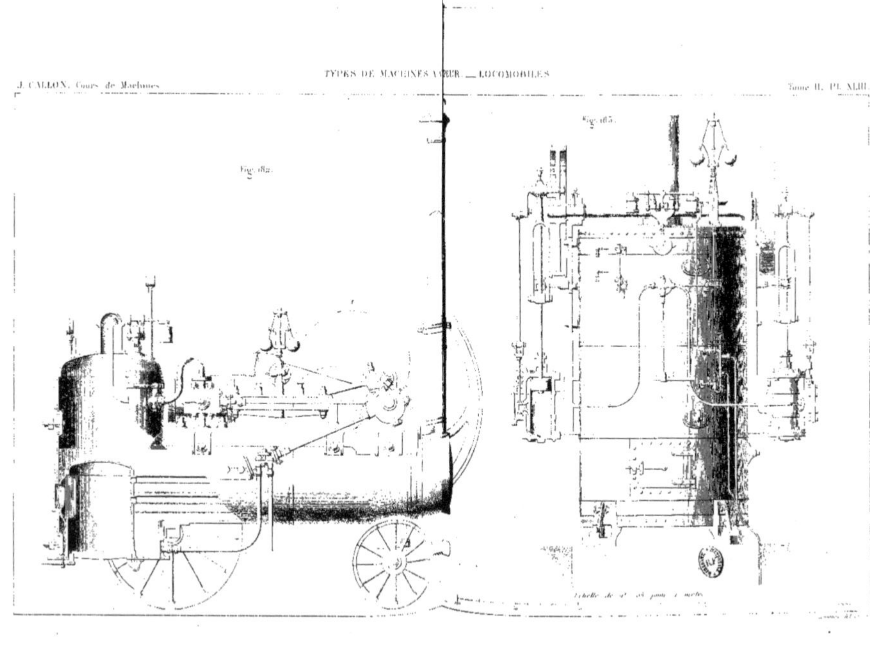
Fig. 182.
Fig. 183.

TYPES DE MACHINES À VAPEUR. — MACHINES À PLUSIEURS CYLINDRES

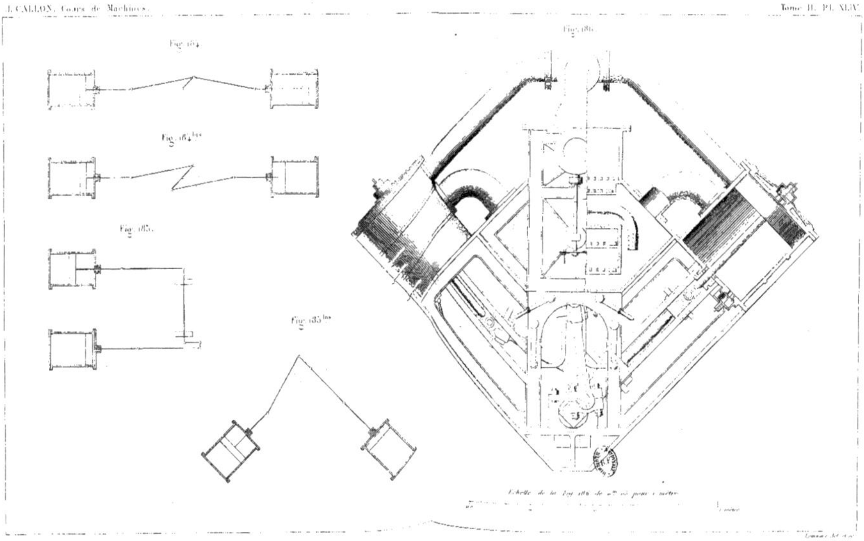
Fig. 184
Fig. 184 bis
Fig. 185
Fig. 185 bis
Fig. 186
Échelle de la fig. 186 de 0m.05 pour 1 mètre
1 mètre

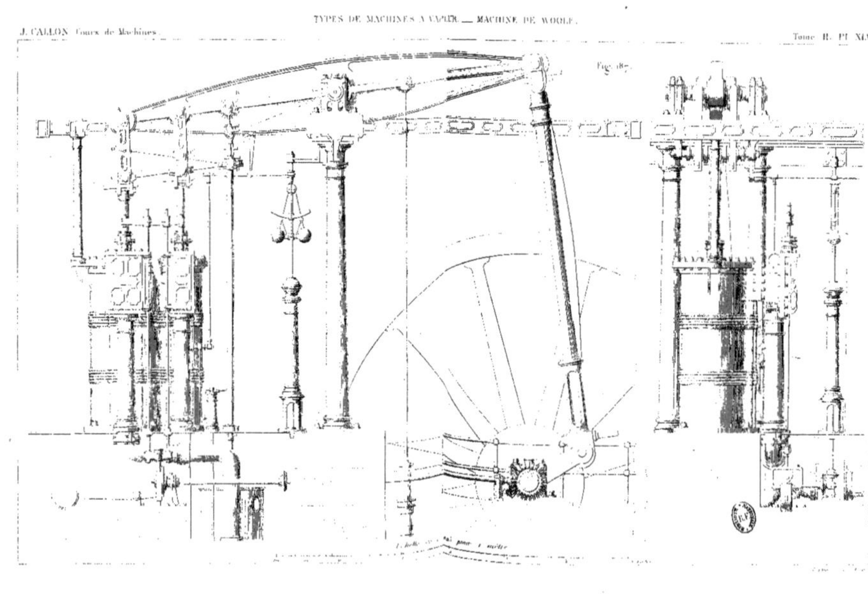
TYPES DE MACHINES A VAPEUR __ MACHINE DE WOOLF.
J. CALLON Cours de Machines.
Tome II. Pl. XLV.

J. CALLON. Cours de Machines. TYPES DE MACHINES A VAPEUR _ MACHINES DE WOOLF CONJUGUÉES Tome II. Pl. XLVI.

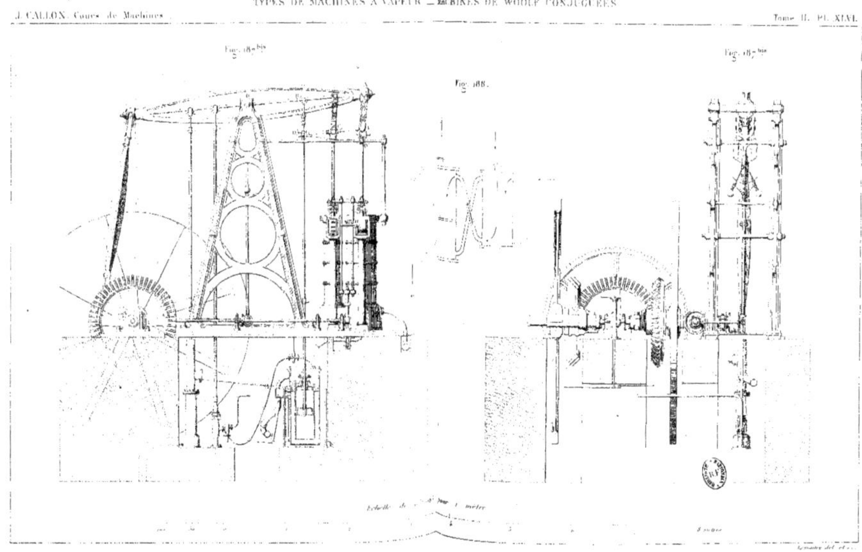

TYPES DE MACHINES. — MACHINES DE WOOLF SANS BALANCIER.

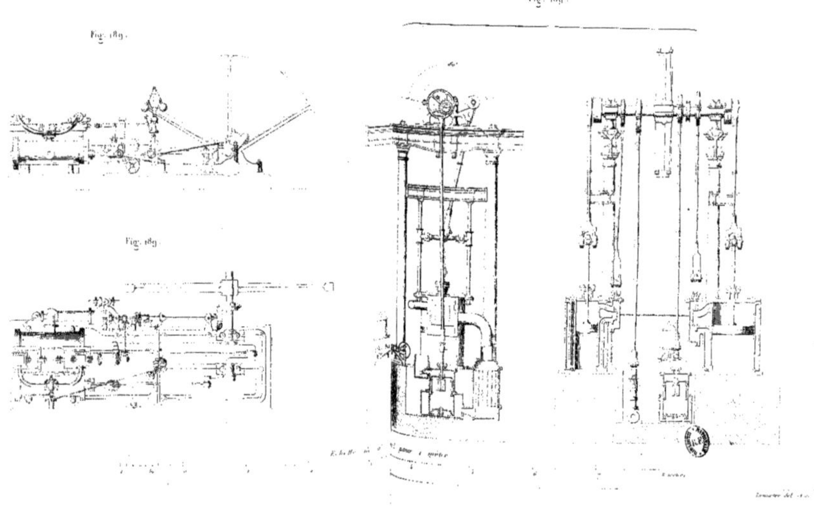

TYPES DE MACHINES A VAPEUR. — MACHINE DE WOOLF ET MACHINE A CYLINDRES COMBINÉS

Fig. 190.

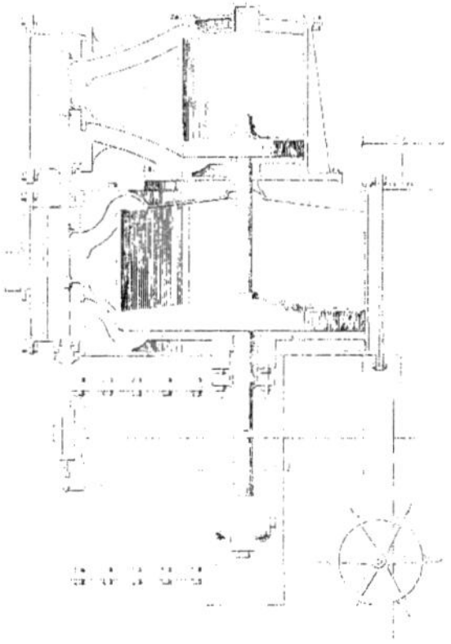

Fig. 191.

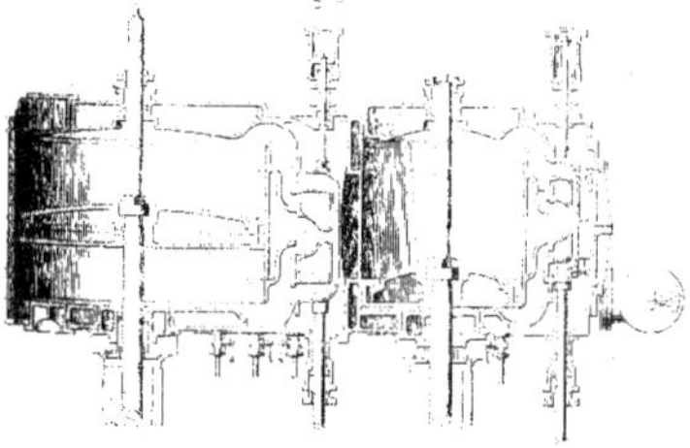

Fig. 192.

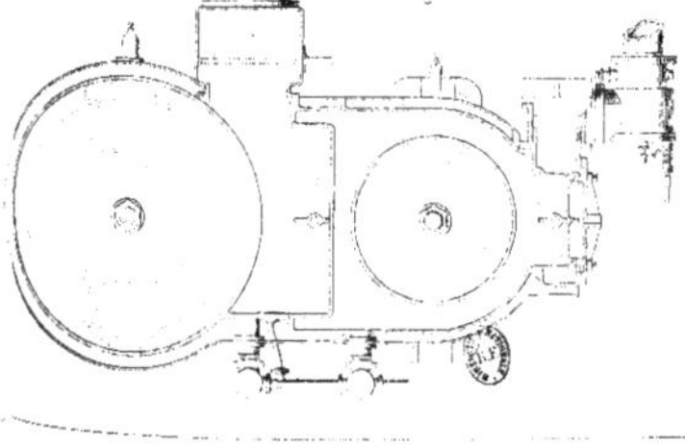

Échelle de 0m 020 pour 1 mètre

ORGANES DES MACHINES A VAPEUR._SOUPAPES ET TIROIRS.

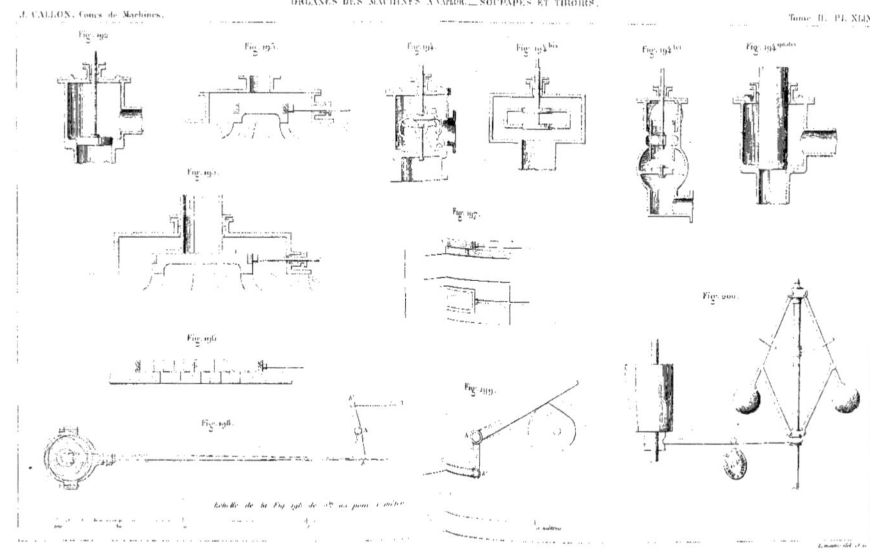

L

ORGANES DES MACHINES A VAPEUR. — MOUVEMENT DES SOUPAPES ET TIROIRS.
J. CALLON, Cours de Machines.
Tome II. Pl. L.
Fig. 201.
Fig. 202.
Fig. 203.
Fig. 204.
Fig. 204.

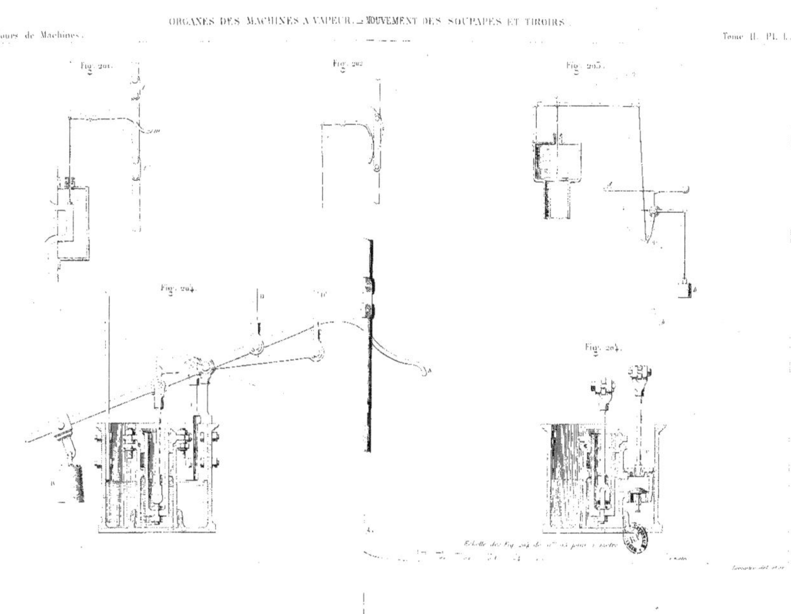

Fig. 205.

Fig. 207.

Fig. 207 bis

Fig. 207 bis

Fig. 206.

Fig. 208.

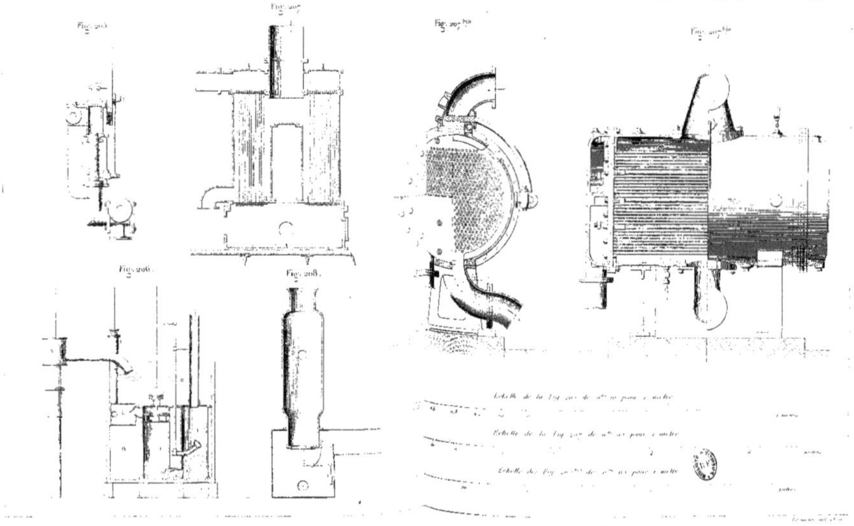

ORGANES DES MACHINES A VAPEUR. — RÉGULATEURS ET CHANGEMENTS DE MARCHE.

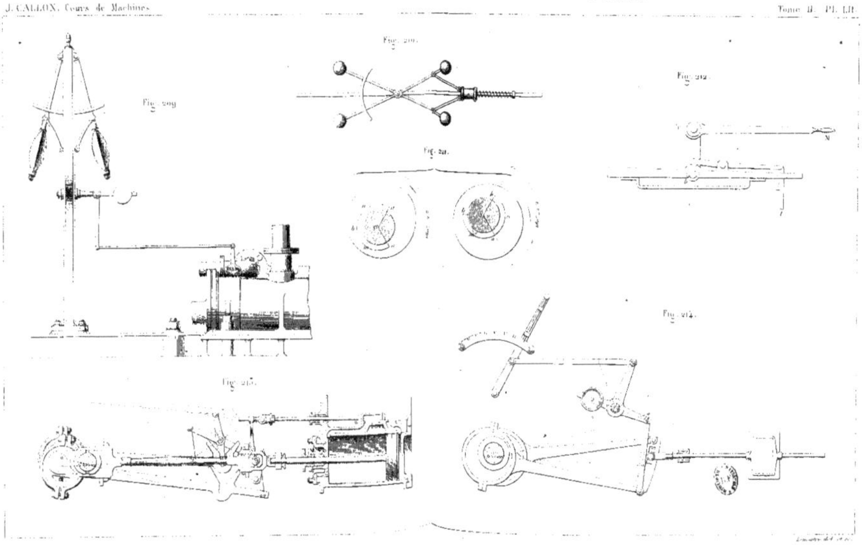
Fig. 209.
Fig. 210.
Fig. 211.
Fig. 212.
Fig. 213.
Fig. 214.

CHANGEMENT DE MARCHE À VIS. _ MACHINE ROTATIVE. _ DIAGRAMMES DE MACHINES À AIR.

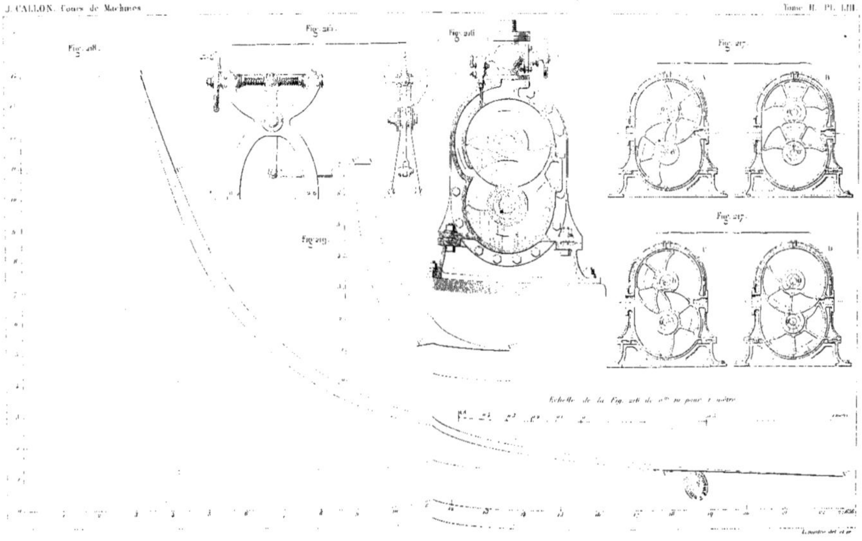

DÉTAILS DIVERS. — TIROIRS. — DIAGRAMME ELLIPTIQUE DE FAUVEAU.

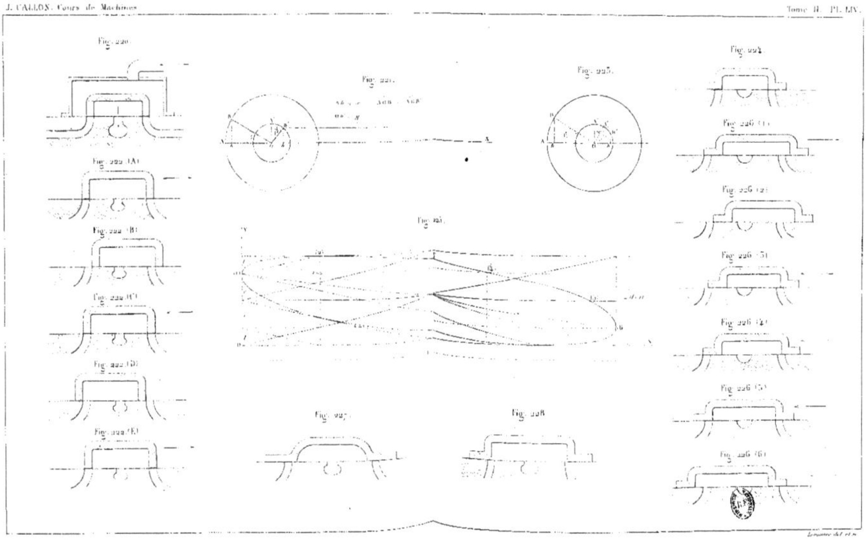

Fig. 220.

Fig. 221.

Fig. 222 (A)

Fig. 222 (B)

Fig. 222 (C)

Fig. 222 (D)

Fig. 222 (E)

Fig. 223.

Fig. 224.

Fig. 225.

Fig. 226 (1)

Fig. 226 (2)

Fig. 226 (3)

Fig. 226 (4)

Fig. 226 (5)

Fig. 226 (6)

Fig. 227.

Fig. 228.

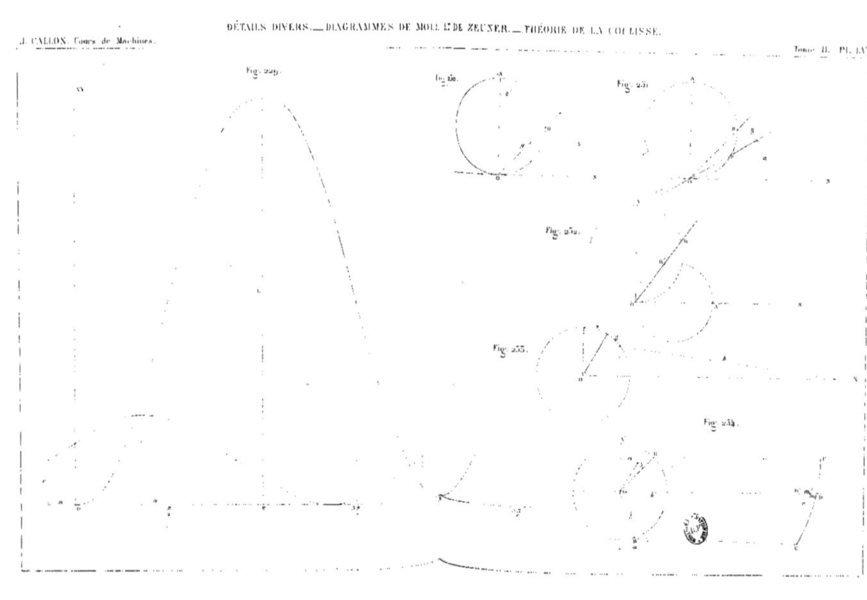
J. CALLON. Cours de Machines.
DÉTAILS DIVERS.— DIAGRAMMES DE MOLL ET DE ZEUNER.— THÉORIE DE LA COULISSE.
Tome II. Pl. LV.
Fig. 229.
Fig. 230.
Fig. 231.
Fig. 232.
Fig. 233.
Fig. 234.

DÉTAILS DIVERS. — APPAREILS DE DÉTENTE VARIABLE.

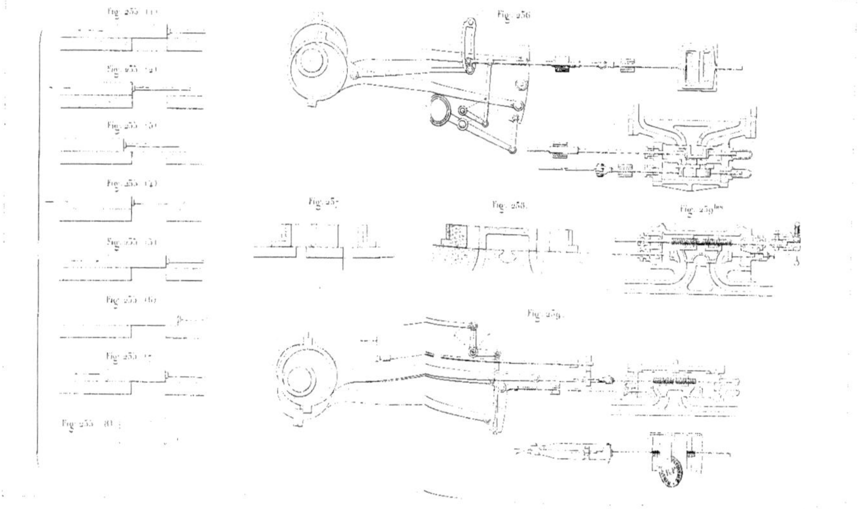

Fig. 255 (1)

Fig. 255 (2)

Fig. 255 (3)

Fig. 255 (4)

Fig. 255 (5)

Fig. 255 (6)

Fig. 255 (7)

Fig. 255 (8)

Fig. 256

Fig. 257

Fig. 258

Fig. 259bis

Fig. 259

DÉTAILS DIVERS. _ APPAREILS DE DÉTENTE VARIABLE ET DE DISTRIBUTION.

J. CALLON, Cours de Machines. Tome II. Pl. LVII.

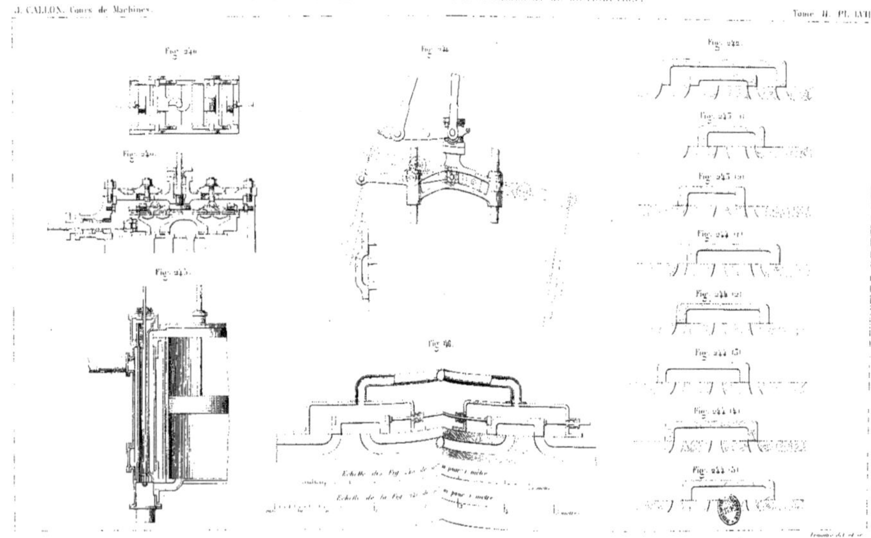

L

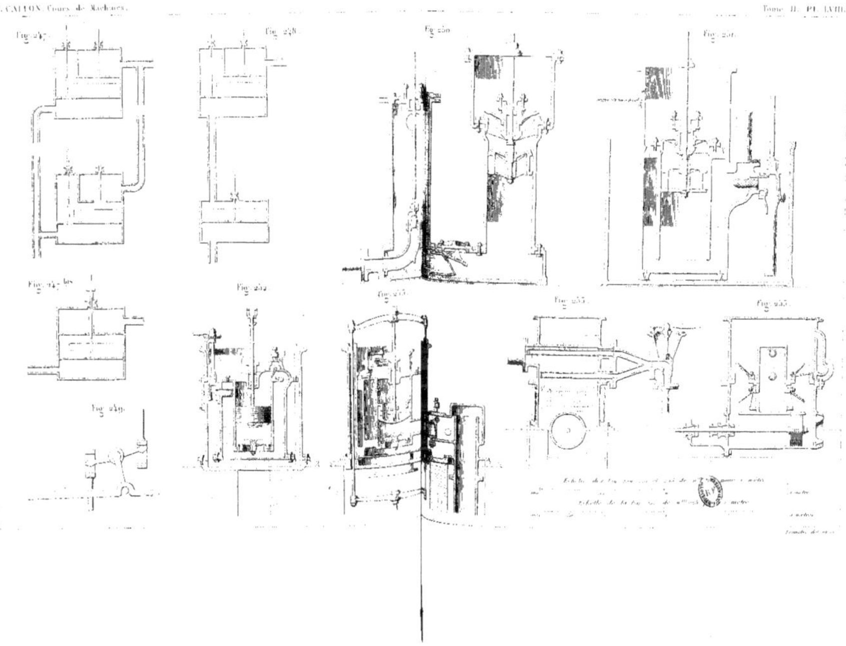

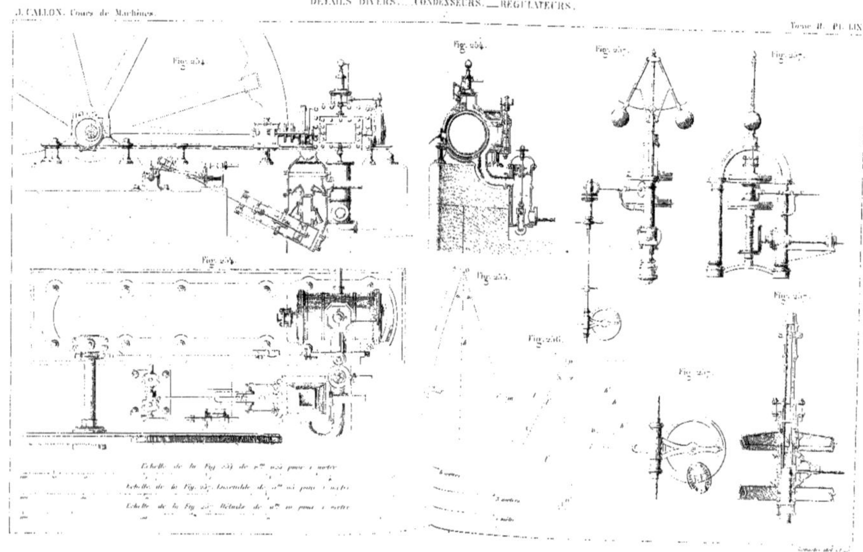
J. CALLON. Cours de Machines.
DÉTAILS DIVERS. _ CONDENSEURS. _ RÉGULATEURS.
Tome II. Pl. LIX.

DÉTAILS DIVERS _ RÉGULATEURS ORDINAIRES ET MARINS

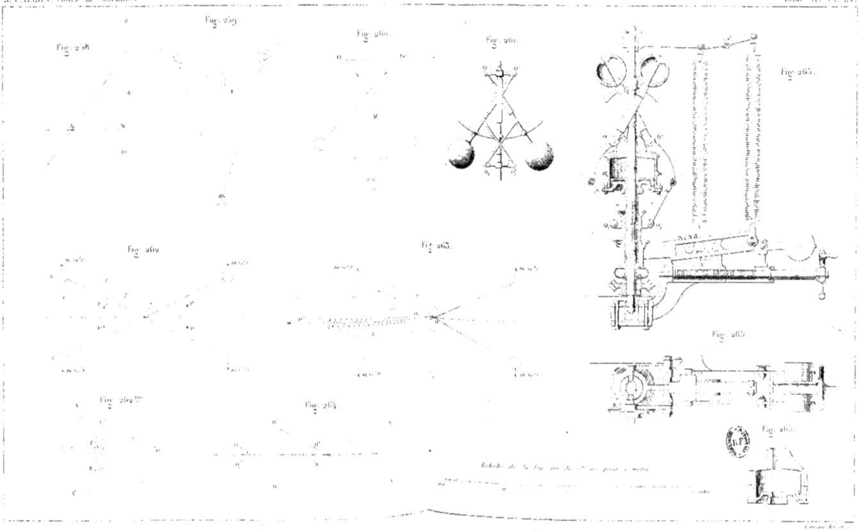

Fig. 258. Fig. 259. Fig. 260. Fig. 261. Fig. 265. Fig. 262. Fig. 263. Fig. 262 bis. Fig. 264. Fig. 265. Fig. 266.

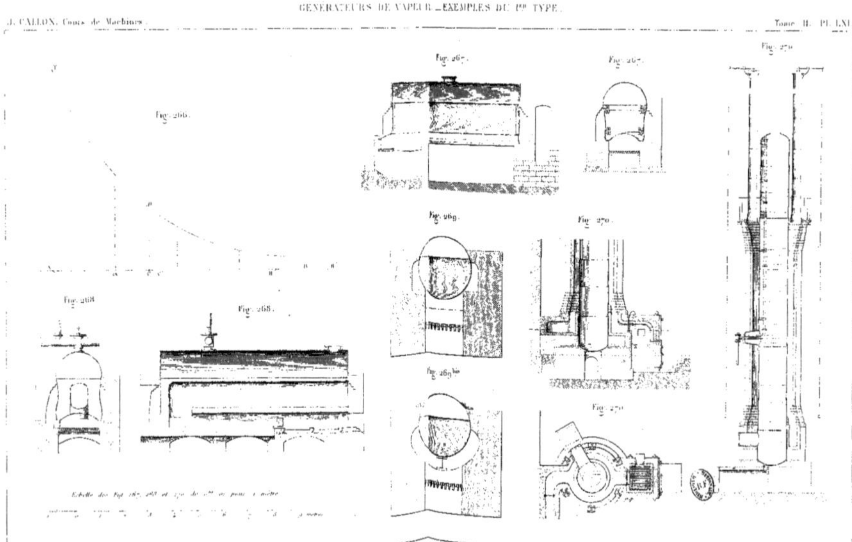
GÉNÉRATEURS DE VAPEUR _ EXEMPLES DU 1er TYPE.
J. CALLON, Cours de Machines.
Tome II. Pl. LXI.
Fig. 266.
Fig. 267.
Fig. 267.
Fig. 268.
Fig. 268.
Fig. 269.
Fig. 269 bis
Fig. 270.
Fig. 270.
Fig. 270.

GÉNÉRATEURS DE VAPEUR._ EXEMPLES DU 1er TYPE

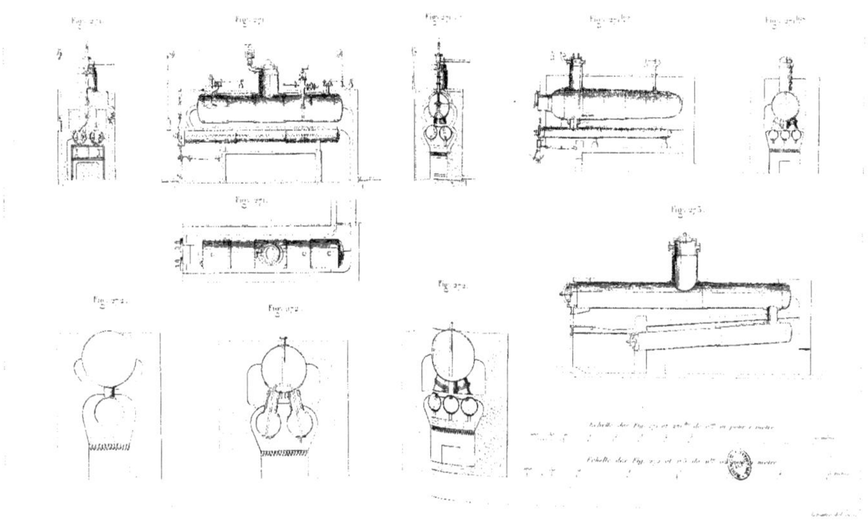

J. CALLON. Cours de Machines

Tome II. Pl. XXII.

L

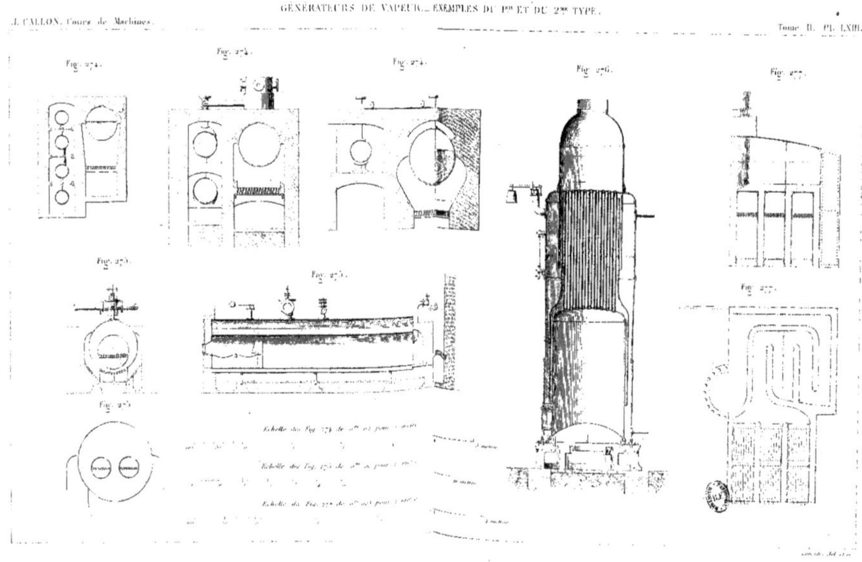

GÉNÉRATEURS DE VAPEUR. _ EXEMPLE DU 3me TYPE (CHAUDIÈRE DE LOCOMOTIVE.)

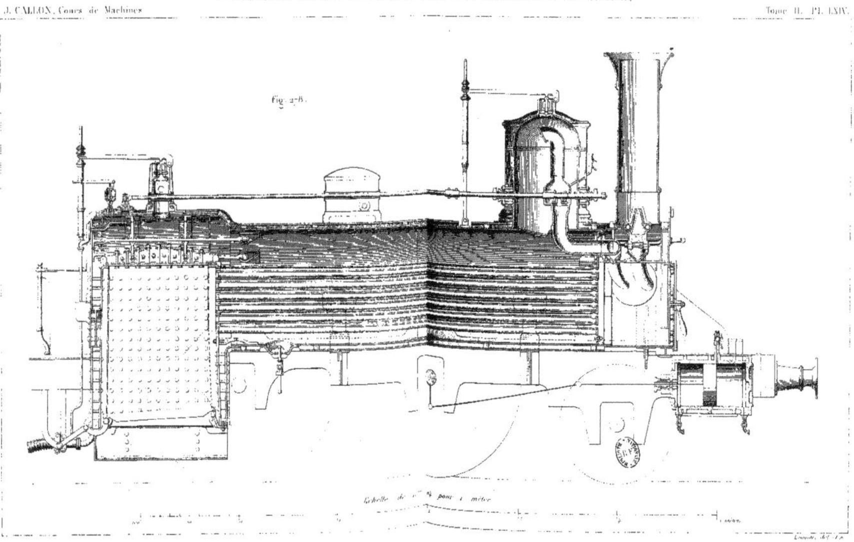

GÉNÉRATEURS DE VAPEUR._EXEMPLES DU 3me TYPE

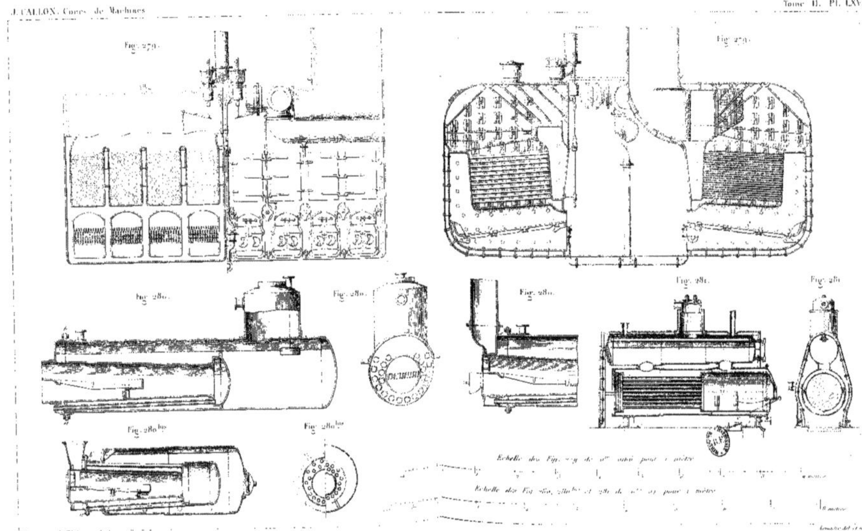

GÉNÉRATEURS DE VAPEUR _ EXEMPLES DU 4me TYPE

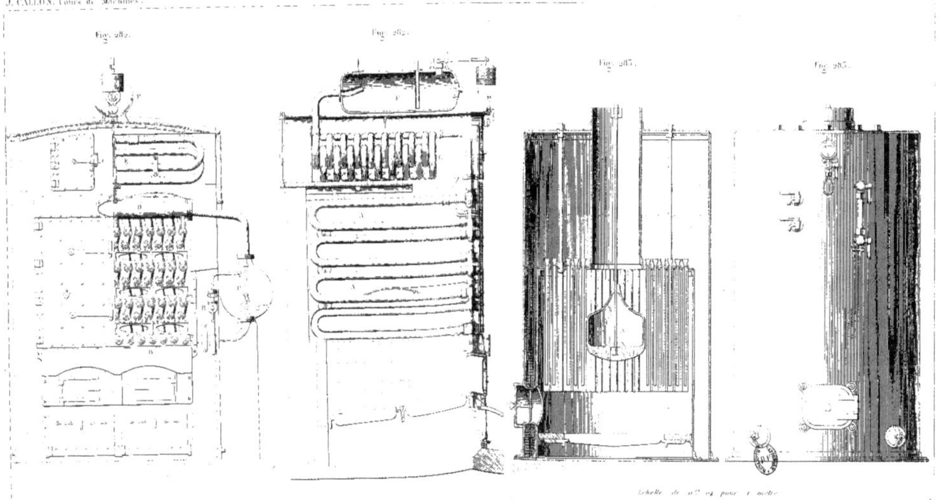

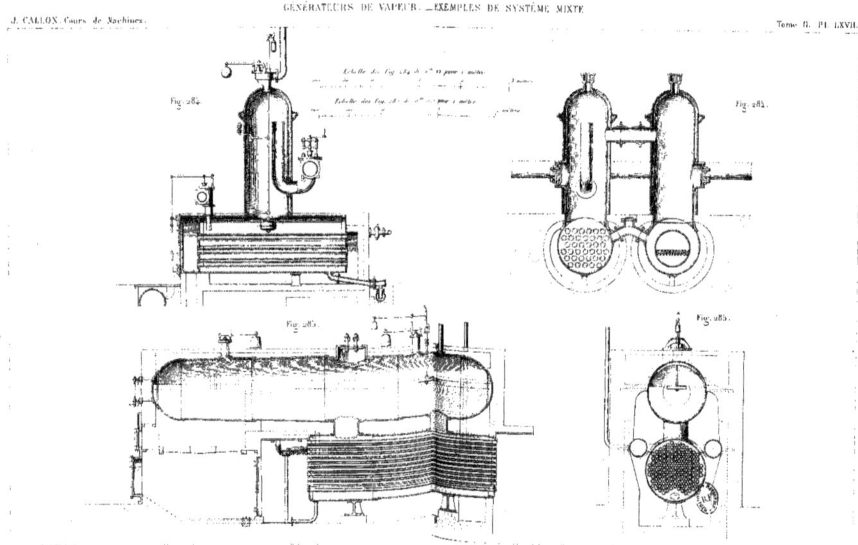
J. CALLON. Cours de Machines.
GÉNÉRATEURS DE VAPEUR. _EXEMPLES DE SYSTÈME MIXTE
Tome II. Pl. LXVII.
Fig. 284.
Fig. 284.
Fig. 285.
Fig. 285.

GÉNÉRATEURS DE VAPEUR. _ EXEMPLE DE SYSTÈME MIXTE.

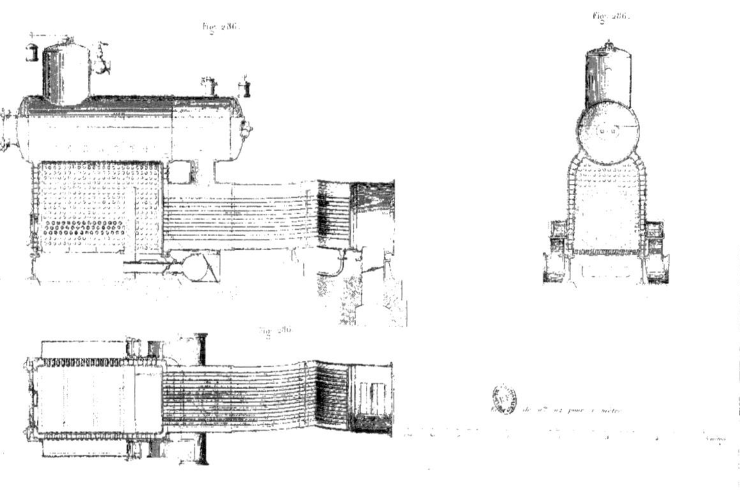

GÉNÉRATEURS DE VAPEUR. — CHAUDIÈRES MIXTES DIVERSES.

J. CALLON, Cours de Machines. Tome II. Pl. LXIX.

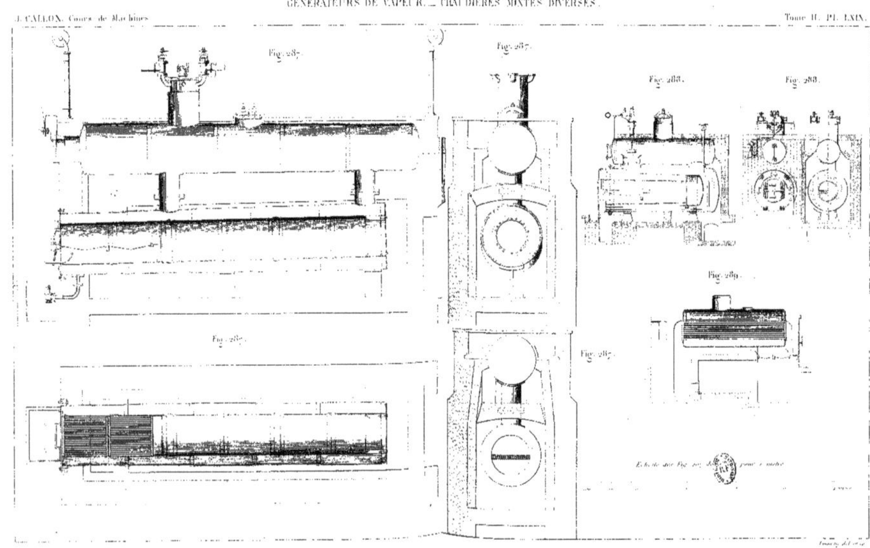

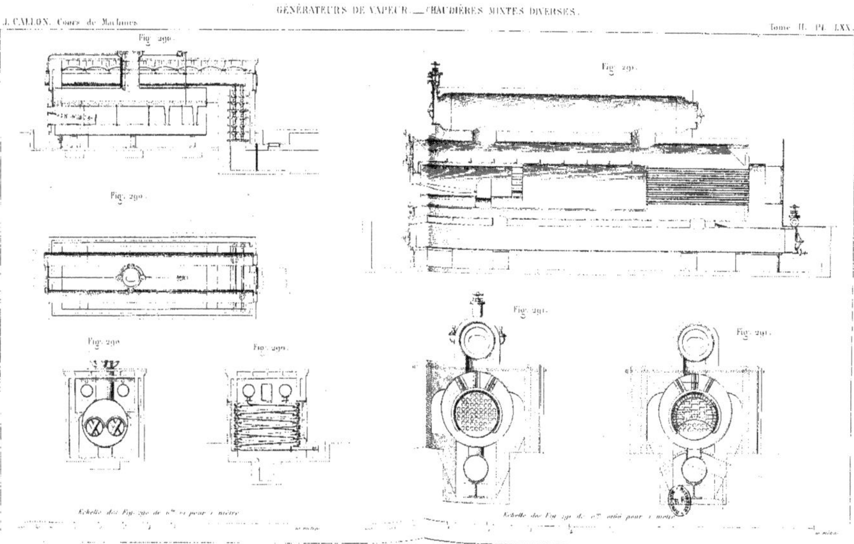

ACCESSOIRES DES CHAUDIÈRES. _ ALIMENTATION.

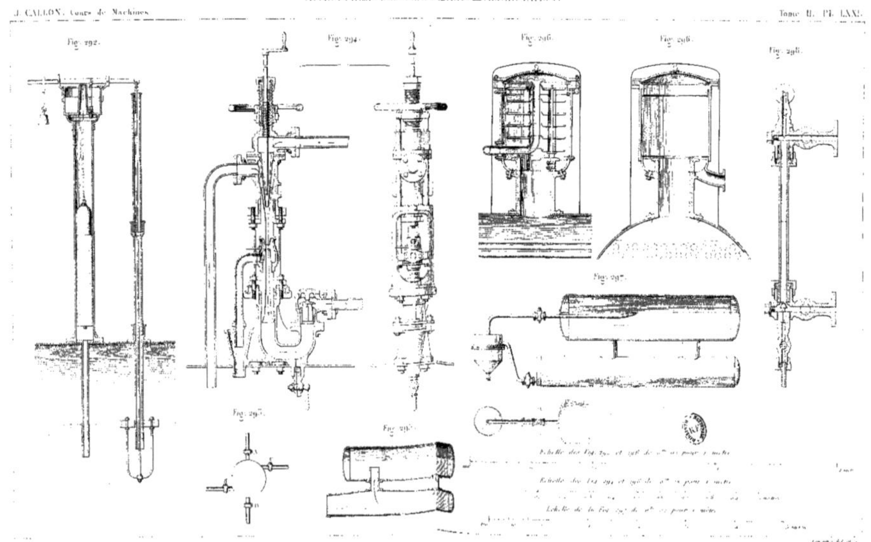
J. CALLON, Cours de Machines.
Tome II. Pl. LXXI.
Fig. 292.
Fig. 294.

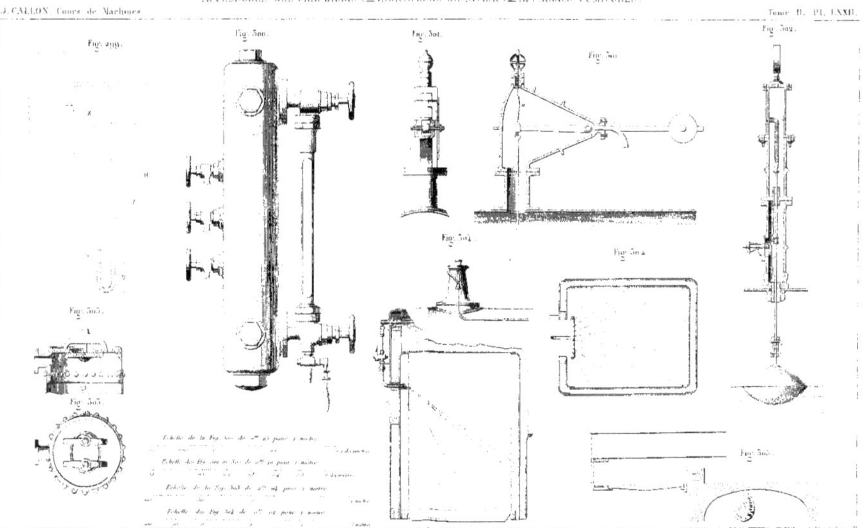
ACCESSOIRES DES CHAUDIÈRES._ INDICATEURS DE NIVEAU._ APPAREILS FUMIVORES.
J. CALLON. Cours de Machines
Tome II. Pl. LXXII.
Fig. 299.
Fig. 300.
Fig. 301.
Fig. 302.
Fig. 303.
Fig. 304.
Fig. 305.

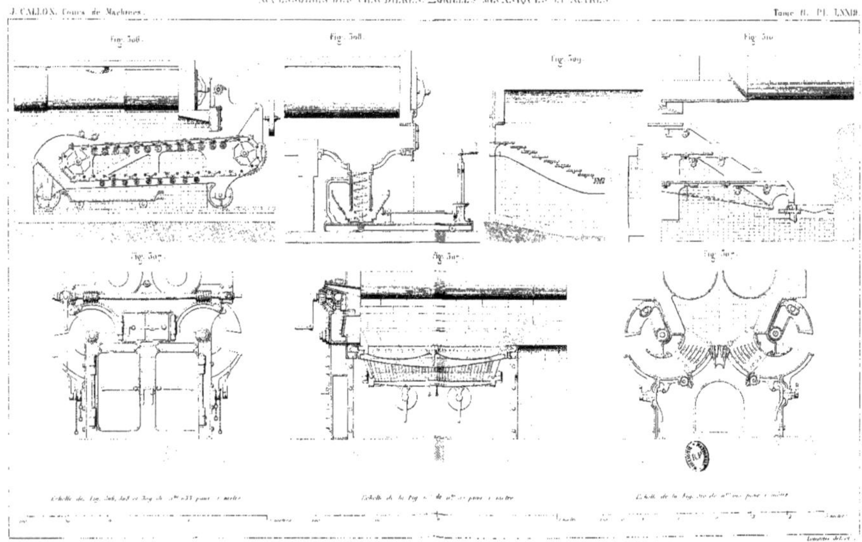
ACCESSOIRES DES CHAUDIÈRES._GRILLES MÉCANIQUES ET AUTRES
J. CALLON, Cours de Machines.
Tome II. Pl. LXXIII.
Fig. 508.
Fig. 509.

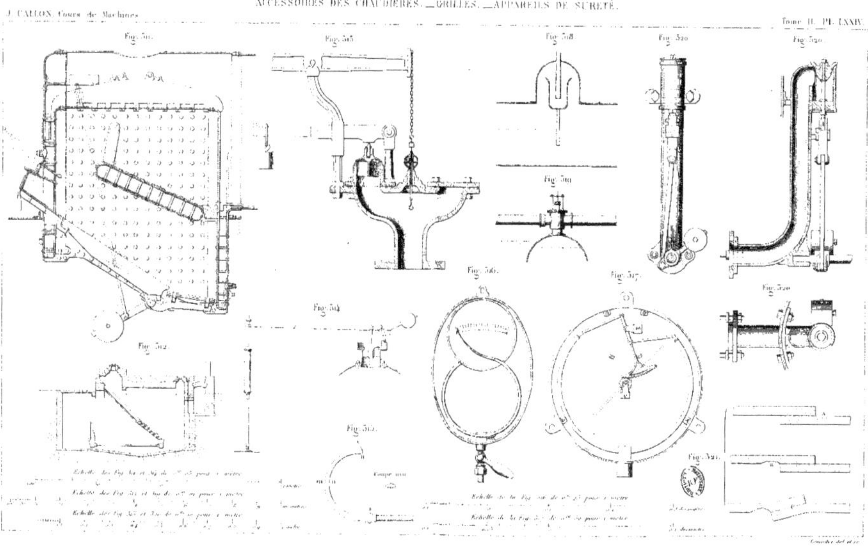

J. CALLON, Cours de Machines
ACCESSOIRES DES CHAUDIÈRES. _ GRILLES. _ APPAREILS DE SURETÉ.
Tome II. Pl. LXXIV.
Fig. 511.
Fig. 512.
Fig. 513.
Fig. 514.
Fig. 515.
Fig. 516.
Fig. 517.
Fig. 518.
Fig. 519.
Fig. 520.
Fig. 521.
Coupe xxx

www.ingramcontent.com/pod-product-compliance
Ingram Content Group UK Ltd.
Pitfield, Milton Keynes, MK11 3LW, UK
UKHW020919180726
13838UKWH00002B/637

9 782329 484655